手作花园

指尖的慢时光

Garden of Handcraft

小浣 著

重庆大学
出版社

自 序
Preface

　　手工艺如同魔法一般，能将简单的原材料绽放成千万种美好的姿态。一捧粘土，一块橡皮，一株花草，一团绳线，在指尖揉塑、雕刻、拼贴、编织，混入手艺人的所思所感，成就了万般可能中的一种。这正是手工艺神秘而迷人之处。

　　虽然我从未接触过任何美术课程，但兴趣是最好的老师，对手工艺的无限痴迷与热爱，使我成长为一名原创手艺人。我喜欢制作各种温暖人心的工艺小物，在许多个午后，晒着从窗户洒进来的阳光，鼓捣各种羊毛、粘土、刻刀、胶水，心中无比平和、快乐。在七年手工制作生涯里，我的审美能力、思考能力和手工技能都得到了锻炼。当然，失败的经验越攒越多，也渐渐形成自己的风格，带着一颗精益求精的心，努力让自己越做越好。

　　为了分享这种快乐，我写了这本书，分享关于捕梦网、树脂水晶滴胶、草木染、橡皮章及各类头饰的19个原创教程，希望有更多人能认识、接触手工艺，并从中受益，收获一份幸福感。

　　捕梦网是我特别喜欢的一种挂饰，它源自北美印第安苏族，传说他们把网挂在床头，为孩子驱逐噩梦、传送美梦，后来也有祈求平安、带来好运的寓意。传统的捕梦网以树枝编环，用牛筋编网，缀以木珠和羽毛，自然古朴。我觉得它可以更加多样化，我尝试在传统材料和编法基础上进行创新，融入天然原木和蛛网编法，使作品更多元化。

　　树脂水晶滴胶凝固后如同玻璃般清澈，在我看来，这个过程就好像流动的时光凝固了，能把美丽的东西定格成永恒。于是，我把它和大自然的花草结合，或加以绘画，把春夏的繁花或秋冬的落叶，抑或奇妙的宇宙，封存在树脂中，制作成浪漫唯美的饰物，从而更长久地保存下来。

我们还能以另一种方式来定格大自然的色彩，那就是草木染。用无害的草木染布，清香淡雅，安全环保。红色的茜草、苏木，黄色的荩草、栀子、洋葱，绿色的槐花，蓝色的蓝草（靛蓝）、板蓝根等，都是草木染常用的植物。如果事先对布料进行折叠、覆盖，还能染出令人意想不到的花纹来。我喜欢苏木水的颜色，我想在布上开出花来，于是经过一番试验，最后利用磁铁染出了梅花纹，喜不自胜。此外，敲拓染作品除了能保留植物的颜色，还能留下植物的姿态、花叶的形状，更让我爱不释手。

　　我喜欢从大自然中汲取灵感，她的神秘与包容常常带给我意想不到的惊喜。鹿角、猫耳、兔耳、皇冠四枚头饰，将我们带到一场童话世界的森林舞会中，尽情狂欢。

　　最后，自然是奇妙的橡皮章世界。橡皮章有无数可能性，我们可以用它雕刻几乎任何自己喜欢的文字和图案；再者，橡皮章制作起来比木刻印章和石刻印章简单得多，用途也更加广泛，因此非常受欢迎。我在本书中分享了橡皮章制作的基本技法，以及滚印、凸粉、套色等进阶教程。准备好刻刀和橡皮，开始试着雕刻一个独一无二的印章吧！

　　在手工制作过程中，会用到各种各样的工具，如刻刀、美工刀、剪刀、镊子、钳子、钉子、锤子、铁丝等，各位读者一定要注意安全，避免受伤，必要时佩戴护目镜和手套，使用胶水时要注意通风透气，处理布料时也要注意防火哦。

　　本书中介绍的手工艺教程，以介绍基础技法为主，读者可以在此基础上自由发挥和创新，融入自己的审美和创意，设法解决遇到的困难，尝试制作出带有自己风格的作品，在创作过程中体会手工制作无穷的快乐。现在，让我们开始吧！

小浣

2015年11月

目 录
Contents

捕梦网

树脂水晶滴胶

草木染

童话头饰

橡皮章

梦中的花园

Garden of Handcraft

经典捕梦网

我梦见

一个秘密花园，

绿草茵茵，

繁花盛开。

— Material —

缎带

松果

花艺铁丝、仿真浆果、木珠

仿真叶

羽毛

花艺胶带

胶水

彩色玉线

开口圈

羊角钉

针、细铁丝

① 取两根花艺铁丝互相缠绕成圆环。

② 把圆环分成12段并标记这12个点。首先，在圆环顶端留出一段较短的距离，再把圆环剩余部分平均分为11段。段数越多，网越密集饱满；反之，则越稀疏。

1

③ 把绳子的一端打结固定在点1处。

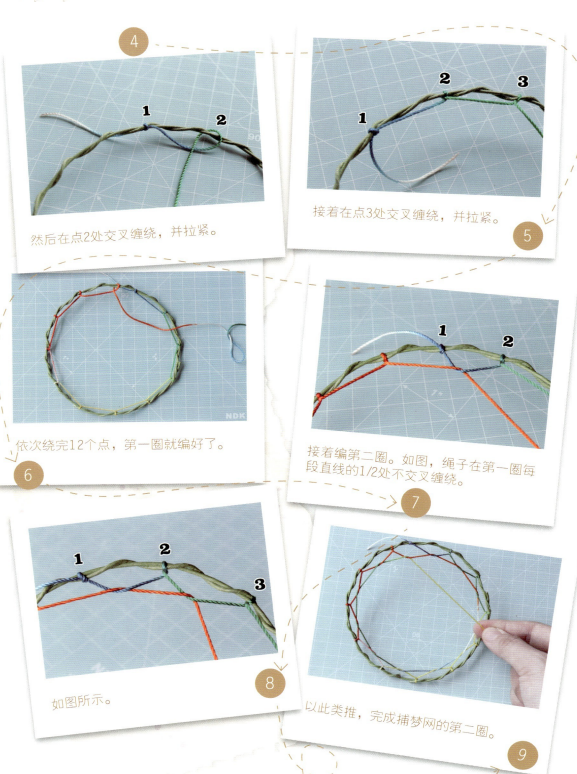

4

1　　**2**

然后在点2处交叉缠绕，并拉紧。

2　　**3**

1

接着在点3处交叉缠绕，并拉紧。

5

依次绕完12个点，第一圈就编好了。

6

1　　**2**

接着编第二圈。如图，绳子在第一圈每段直线的1/2处不交叉缠绕。

7

1　　**2**　　**3**

如图所示。

8

以此类推，完成捕梦网的第二圈。

9

继续用不交叉的缠绕法编网。越到中心，网眼越小，需借助针穿绕。

10

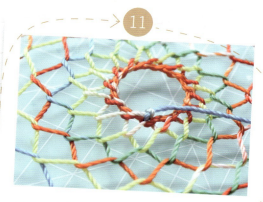

11

最后，在收尾处打一个结。

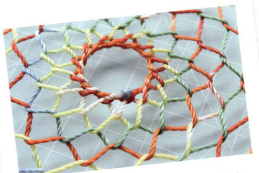

在结眼上滴一点502胶水，凝固后剪去多余的线头。

12

这样，网就编好了。

13

14

准备仿真叶和仿真浆果。

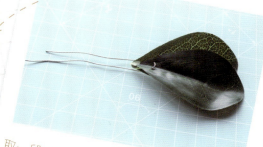

取一段细铁丝，穿插过仿真叶底部，对折。

15

11

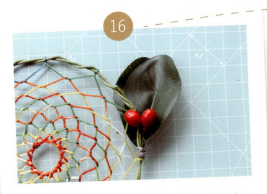

将仿真叶和仿真浆果的铁丝缠绕固定在圆环上。

用花艺胶带缠绕整个圆环，并覆盖住叶子和浆果的铁丝。

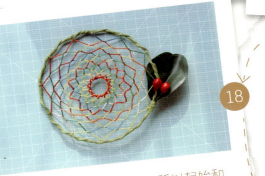

花艺胶带拉扯时会有黏性，所以起始和收尾处要拉扯一下胶带，粘牢后剪去多余的胶带。这样捕梦网的上半部分就完成了。

将三根缎带系在捕梦网下方。

穿上木珠。

在木珠孔里涂上酒精胶，将羽毛根部插入。

22

将羊角钉拧入松果顶部。

23

如图所示。

24

将松果扣在缎带结上，作为装饰。

25

整理好羽毛，经典捕梦网就完成了。

年轮的梦呓

Garden of Handcraft

原木捕梦网

妈妈说，

把捕梦网

挂在树上，

树会做美梦，

长出茂盛的

叶子和香甜的果实。

— Material —

松果

长尾夹

带孔天然香樟木片

针、蛇头夹、水晶珠子、
羊角钉、开口圈

羽毛

麂皮绳

玉线

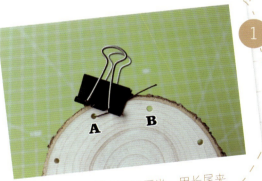

① 玉线穿过孔A，留出约10厘米，用长尾夹固定。

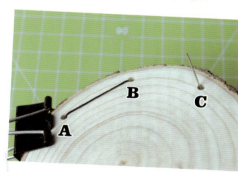

③ 拉紧，从孔C穿出。

② 翻至正面，玉线穿上针，插入孔B。

④

再往回插入孔B。

拉紧，从孔D穿出。

⑤

再往回插入孔C。

⑥

重复步骤③—⑥，完成网的第一圈。

⑦

针从孔A穿出。

⑧

9

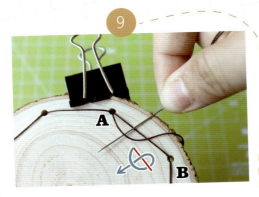

在孔A和孔B之间的直线的1/2处交叉绕一个结。

10

如图所示。

拉紧，并穿上一颗水晶珠子。

11

12

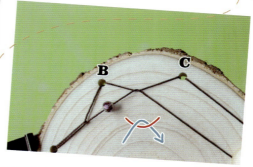

如图所示，在孔B和孔C之间的直线的1/2处不交叉搭绕。

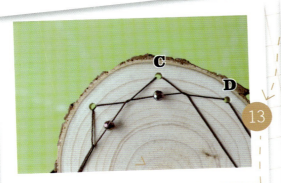

穿上一颗水晶珠子，重复上一步，在孔C和孔D之间的直线的1/2处不交叉搭绕。

13

重复步骤⑪一⑬，完成网的第二圈。

14

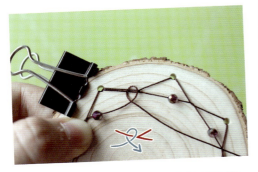

在第二圈的起始处交叉绕一个结并拉紧。

15

重复步骤⑩，开始编第三圈。

16

重复步骤⑫。

17

以此类推，完成网的第三圈。

18

重复步骤⑮－⑱，完成余下圈数。

19

在收尾处打结。

20

在结眼上滴一点502胶水，凝固后剪去线头。

21

22

第1步长尾夹夹住的这根线头，在附近的线上打结，然后在结眼上滴一点502胶水，凝固后剪去线头。

这样，捕梦网就编好了。

23

往捕梦网底部的三个孔系上麂皮绳。

24

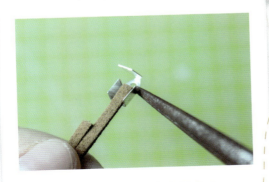

在绳子末端和羽毛根部夹上蛇头夹。

25

如图所示。

26

如图所示。

如图所示。

用开口圈将绳子和羽毛连接起来。

如图所示。

将羊角钉拧入松果顶部。

如图所示。

33

用开口圈将松果扣在麂皮绳结上。

34

最后，在捕梦网顶部穿一根悬挂用的麂皮绳并打结。

35 原木捕梦网就做好啦！

守护
Garden of Handcraft
蛛网捕梦网

深夜，

小蜘蛛

把噩梦网住，

悄悄地

吃掉了。

— Material —

长尾夹
羽毛
木珠、水晶珠
缎带
透明鱼线
铁环（大、中、小三个）

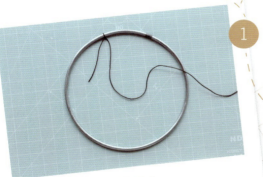

① 把玉线的一端系在铁环上。

Tips:

为了更清晰地演示制作过程，小浣先用棕色玉线来替代鱼线。正式制作的时候，我们要用透明的鱼线来编织蛛网。

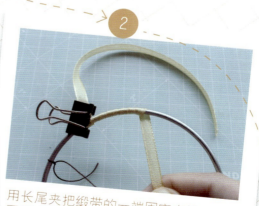

② 用长尾夹把缎带的一端固定在铁环上，要留出约10厘米的尾巴，然后一圈一圈地缠绕铁环。

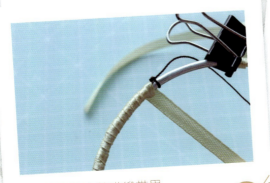

③ 把玉线结眼也藏进缎带里。

23

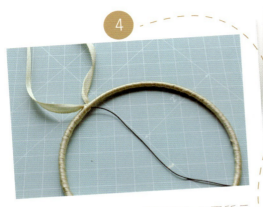

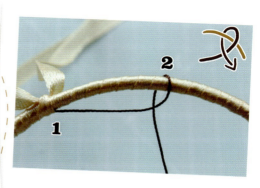

通过缠绕缎带，将玉线固定在如图所示的位置。缎带首尾打结系紧。

将铁环平均分成9段并标记9个点（可以用水消笔），玉线起始处为点1。开始编第一圈，玉线在点2如图示交叉一次。

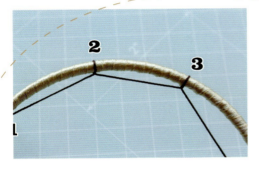

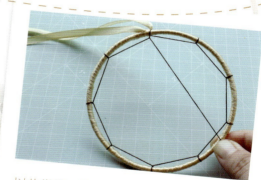

拉紧点2的结，然后在点3交叉一次并拉紧。

以此类推，绕完9个点的结。

回到点1，开始编第二圈。

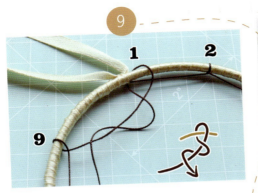

玉线在点1如图示交叉两次。

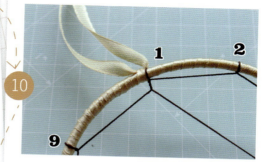

拉紧点1的结。

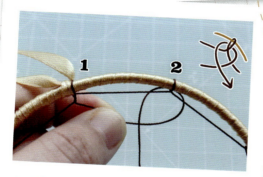

在点2，如图所示，玉线先依次穿过第一圈的相邻两个孔。

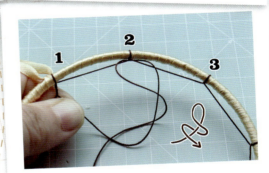

如图示交叉两次。

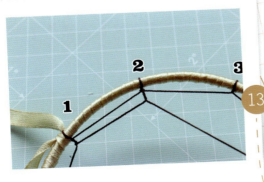

拉紧点2的结。

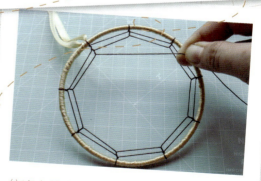

依次在其余各点处重复步骤⑪－⑬，完成第二圈。

15

循环步骤⑪—⑭，再编数圈，圈数依据
圆环大小而定。

16

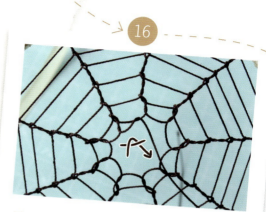

最后一圈，如图所示，玉线不交叉绕过
上一圈的线。

17

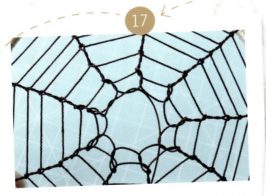

重复上一步，依次不交叉绕过上一圈的线。

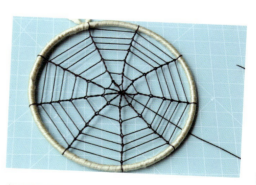

收紧玉线。如果喜欢不带珠子的捕梦
网，到这一步就可以打结完成了。

18

19

珠子穿过玉线到达捕梦网中心。

20

玉线在最靠近的网线上打结。

21

在结眼上滴一点502胶水，凝固后剪去多余的线头。一个蛛网捕梦网就编好了。

这是用透明鱼线来编网的效果。

22

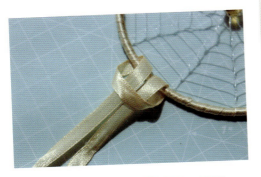

如图所示，将缎带系在圆环上，收紧。 **23**

24

穿上木珠。

依照这个方法制作大、中、小三个捕梦网。 **25**

将三个捕梦网依次连接起来。将梭形木珠穿过捕梦网顶部的缎带，缎带打结后固定在另一个捕梦网的底部位置。 **26**

27

系紧后在结眼上滴一点502胶水，凝固后剪去多余的缎带。

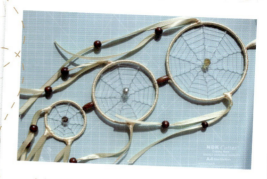

三个捕梦网连接完成。别忘了小捕梦网的底部也要系上一根缎带哦。

28

在木珠孔里涂上酒精胶，再将羽毛根部插入。

29

一个蛛网组合捕梦网就完成啦！

30

树脂定格了

美好，

永恒了

流光里的

五彩斑斓。

— Material —

环氧树脂水晶滴胶
（A胶和B胶）

半透明硅胶手镯模具　　毛巾

四面打磨抛光块

O·P·I BRILLIANCE

电子秤

一次性塑料杯、
牙签

镊子

押花花材

一次性滴管、搅拌棒

①

用镊子小心夹取干花，依次放入手镯模具中。

②

可以透过半透明的模具壁查看摆放效果，摆放时融入自己的设计感，使干花的组合搭配整体和谐又富有美感。

称取一定重量的环氧树脂A胶，称取之前记得一定要先去皮，去除一次性塑料杯的重量。

③

Tips:

本书中环氧树脂水晶滴胶统一简称为树脂滴胶。

31

4

环氧树脂A胶和B胶的重量配比应为3：1，所以要往杯子里倒入重量为"A胶重量的三分之一"的B胶。计算得出A胶和B胶重量总和约等于38克，于是往杯子里倒入B胶，直到电子秤显示的数值约等于"38"。B胶是固化剂，如果加入的量不够，会影响树脂滴胶成形哦。

接下来就是搅拌了。扁宽的雪糕棒的搅拌效果比细长的竹签好，需搅拌至胶体清澈。这时胶体中会有一些小气泡，不用担心，静置一会儿，气泡会慢慢上浮消失的。

5

6

将混合好的胶体缓缓倒入模具中，可以借助一次性滴管。倒的时候不能太快，否则容易将摆放好的干花冲开移位，也容易混入空气产生气泡哦。

倒至模具一半高度的时候，透过半透明模具查看哪里藏有小气泡，用牙签轻轻拨动干花，让干花缝隙里的小气泡上浮并将其戳破。如果忽略这一步，小气泡们会定格在手镯里哦！

7

8

接着把胶体注满，再次检查和消除气泡，然后放在干燥的平台上等待凝固。凝固时间视环境温度而定，夏天一般需要24小时左右，冬天则需要48小时左右。待树脂滴胶完全凝固，手镯顶部会出现凹陷，这是由于树脂滴胶凝固过程中体积会有一定的收缩造成的。我们需要按照步骤④—⑥调配并搅拌好树脂滴胶，用滴管吸取少量胶体，小心地把凹陷处补满。

9

等到树脂滴胶完全凝固，就可以脱模啦。在手镯和模具之间用加了洗洁精或沐浴露的水润湿，充当脱模润滑剂，既能降低脱模的难度，又能保护模具。脱模后记得用清水把模具冲洗干净，以免影响下一次使用。

10

最后打磨一下手镯的边缘，把刮手的部位打磨光滑。大拇指施力，用毛巾来回摩擦手镯边缘，可依据打磨效果调整力度。

11

取出四面打磨抛光块，先用粗糙的绿色面来回打磨边缘，再用较光滑的白色面进行抛光。

12

一枚漂亮的树脂水晶滴胶干花手镯就完成啦！

耳畔春光

Garden of Handcraft

树脂水晶滴胶
干花手机壳

抓住

一把春光，

定格在手机上，

这样，

就能常常听见烂漫。

— Material —

电子秤

可塑橡皮

滴胶专用凹槽手机壳

环氧树脂水晶滴胶
（A胶和B胶）

B6000胶水

镊子、搅拌棒

一次性塑料杯

押花花材、水晶珠

①

用镊子轻轻夹取花材，在手机壳上设计好样式。

②

将设计好的样式用相机拍下来。

在花材和水晶珠背面涂上少量胶水，按照刚刚拍下的照片，将花粘回原来的位置。

③

全部粘好后，用可塑橡皮将手机壳表面的细小灰尘轻轻粘除，注意不能粘到花瓣哦。

按照重量比为A胶：B胶=3：1的比例调配树脂胶水，先称取12.66克A胶。

计算得B胶应为4.22克，于是两者重量总和约为16.88克。

搅拌均匀，静置5分钟消泡。

将树脂滴胶一点一点滴在花材上，注意不能一下倒太多，以免溢出来哦。

9

先把树脂滴胶滴在手机壳中心，让它慢慢蔓延开来，然后用搅拌棒轻轻拨树脂滴胶，使之覆盖到每一片花瓣，再把手机壳边缘部位填满。

将树脂滴胶填满整个手机壳凹槽，并覆盖所有花材的表面。不要将树脂滴胶滴到水晶珠上方，只要覆盖珠子底部即可。

10

用塑料盒把手机壳盖住防尘，放置24小时等待树脂滴胶凝固。

11

12

这样，树脂水晶滴胶干花手机壳就做好啦！

为你摘星揽月

Garden of Handcraft

树脂水晶滴胶迷你
太阳系项链

为你

摘下

日月星辰，

串成

项链，

戴在胸前。

Material

硅胶垫、滴胶专用圆形边框、
白色珠子

一次性塑料杯、
搅拌棒

可塑橡皮、画笔

牙刷

环氧树脂水晶滴胶
（A胶和B胶）

牙签

镊子

电子秤

丙烯颜料

白乳胶

①

在硅胶垫下面垫一块厚纸板。由于硅胶
垫是软的，垫一块厚纸板方便整体移
动。然后放上滴胶专用圆形边框。

在边框外圈涂一圈白乳胶，把边框和
硅胶垫黏合在一起，放置待干。

②

3

当白乳胶凝固后，依照前面介绍的方法按比例调好树脂滴胶（少量），并倒入边框内，倒至边框高度的1/4处即可。用一次性塑料杯遮盖防尘，等候树脂滴胶凝固。待树脂滴胶凝固后，撕去白乳胶。

4

用丙烯颜料调出深蓝色，用画笔涂满整个边框内部。侧边也要涂哦。为了上色均匀，可以多涂几层，一层干透后再涂第二层。

5

待颜料干透后，挤一点白色丙烯颜料，加一点水稀释，用牙刷前端蘸取，用食指朝着深蓝色背景轻拨，牙刷会溅出细小的白色水滴，做出星空背景。可以先在深色纸张上练习哦。

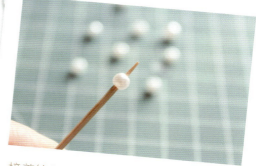

6

接着绘制星球。先绘制地球。首先将白色珠子插在牙签上，转一转珠子使之插得更紧。

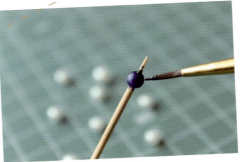

然后给珠子涂上蓝色丙烯颜料。

7

8

再蘸取少量土黄色和草绿色颜料，随意点画在珠子上。

9

上完色，把牙签插在可塑橡皮上，待颜料风干。

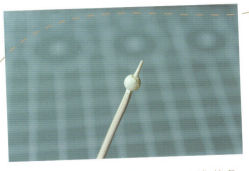

绘制土星。先给珠子涂上一层浅黄色颜料。

10

再用笔尖蘸取少量赭石色颜料，定点在珠子某处，笔保持不动，转动珠子，画出土星上的环形花纹。

11

按照各个星球的纹理特点，绘制其他七个星球。

12

13

待颜料风干后，用美工刀切除珠子两端的牙签。也可以选择省略步骤⑬—⑮，直接抽出牙签即可。

切的时候刀尽量紧贴珠子，使切除后的牙签截面更加平整。要注意安全哦。

14

然后在牙签截面上补色，并用同样的方法完成珠子另一端的处理。

这样，九颗迷你星球就完成了。

15

16

用镊子夹取迷你星球，蘸取一点深蓝色颜料，粘在星空背景上的适当位置。先将太阳粘在背景中心。

17

接着按照八大行星和太阳之间由近及远的距离顺序，依次将八颗珠子粘在背景上。

调好树脂滴胶（少量）倒入，倒至边框高度的1/2处，用一次性塑料杯遮盖防尘，等候树脂滴胶凝固。

第二层树脂滴胶凝固后，用牙刷弹溅小星星，并画出木星的行星环和地球旁边的小月球。待颜料干透后，倒入第三层树脂滴胶。

第三层树脂滴胶凝固后，再次用牙刷弹溅小星星，然后倒入第四层树脂滴胶，等候凝固。

第四层树脂滴胶凝固后，穿上绳子，树脂水晶滴胶迷你太阳系项链就做好啦。

一叶尽秋色

Garden of Handcraft

树脂水晶滴胶树叶项链

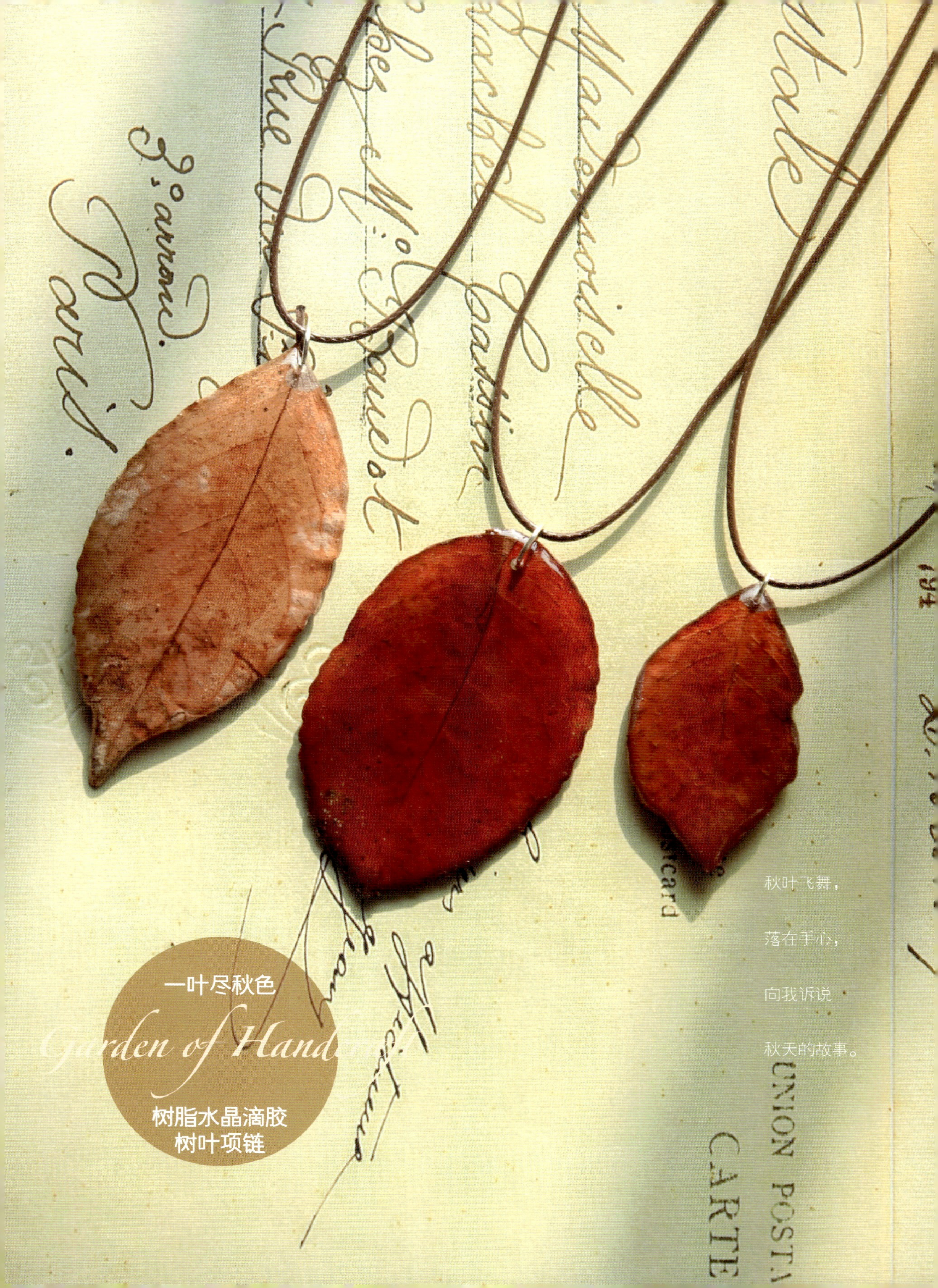

秋叶飞舞，

落在手心，

向我诉说

秋天的故事。

— Material —

环氧树脂水晶滴胶（A胶和B胶）

项链绳

搅拌棒

手捻钻

一次性塑料杯

电子秤

硅胶垫、树叶、开口圈

1

将树叶夹在书里并压上重物，直至干燥。用来做滴胶的树叶必须是干燥而且平整的哦。

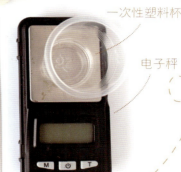

2

调配树脂滴胶并搅拌均匀备用，可以静置至胶体稍显黏稠再使用。胶黏稠一些，不易溢出，滴出来的树脂厚度可以达到更高，叶子会更具立体感。但是也要注意：如果胶体过于黏稠就不能使用了，因为流动性不佳，会产生很多气泡哦。也可以先在叶子上滴一层薄胶，待其凝固后，再滴第二层树脂滴胶，用此方法来增加成品的厚度。

开始滴胶，用搅拌棒舀胶，缓慢地滴在叶子中心。

3

④

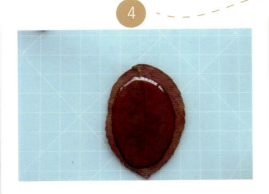

要把树脂滴胶滴在叶子中心，让它慢慢蔓延开来。一开始不能滴得太多，以免溢出叶子边缘。

⑤

然后用搅拌棒小心翼翼地拨树脂滴胶外围，让它覆盖到叶子边缘部位。由于胶体之间的张力较大，只要控制好量，就不容易溢出。

⑥

叶子的每一个地方都要覆盖到树脂滴胶。

用塑料盒把叶子盖住防尘，放置24小时等待树脂滴胶凝固。

⑦

这样，叶子的正面就完成了。然后用同样的方法完成叶子背面的滴胶制作。

⑧

⑨

用手捻钻在叶子顶端钻一个孔。

钻孔如图所示。

合格证
检验 (02)

⑩

穿上开口圈。

再穿上项链绳，漂亮的树脂水晶滴胶树叶项链就做好了！

⑪

⑫

叶子背面的脉络更清晰，也可以佩戴背面哦！

⑬

四季变幻，

稍纵即逝，

用敲拓染为森林

做一本日记，

记录

植物最美的姿态。

— Material —

素描纸

红继木枝叶

薄纯棉白胚布

橡皮锤

画框

Tips:

选择耐受力坚固、稳固不易晃动、平整无凹凸的平台进行敲拓，例如水泥地面、瓷砖、地板等。采摘红继木枝叶时尽量挑选姿态和颜色好看的，清洗干净后把水擦干，用保鲜袋密封，放入冰箱冷藏室保存，可以保鲜一周左右，随取随用。小浣一般把枝叶冷藏两天后才开始取用，这样叶片含水量不会过于饱和，敲拓效果更好。

1

在平台上垫一张素描纸（可以用其他厚一点的纸代替）。

②

在纸上放一块轻薄的纯棉白胚布。这就
是我们要拓印上图案的布。

③

将枝叶正面朝上、背面朝下摆放在布
上，并整理好叶片的姿态。

在枝叶上再覆盖一块轻薄的纯棉白胚
布，使敲拓时叶片受力更均匀。

④

用手按住布，避免移位，用橡皮锤敲打
枝干和每一片叶子。开始敲拓时，要一
边敲一边掀开叶片查看效果，以便调整
力度。如果图案脉络不清晰、颜色太
淡，说明敲打力度不够；如果布上沾有
少许叶肉，说明力度太大；如果图案颜
色深浅不均，说明力度不均匀。多尝试
几次，找到最合适的敲打力度。敲打的
时候要注意安全哦。

⑤

⑥

敲拓时顶层的布块也会沾染汁液，显现出叶片的轮廓。由此可以查看敲拓进度，检查是否有遗漏的叶子。

敲拓完毕，轻轻掀开枝叶。

⑦

这枝漂亮的红继木枝叶的脉络和姿态就保存到棉布上了。

⑧

挑选颜色丰富的枝叶进行敲拓。

⑨

10

选择姿态均匀饱满的红继木枝叶，清洗干净后擦干，放入冰箱冷藏室（温度约4℃）保存2~3天后取用。

11

将材料从下至上按照"纸—布—植物—布"的顺序叠放好，用橡皮锤子敲打枝叶的每一个位置。

敲拓完成后，如发现画面不够饱满，可以从备用花材上摘取单片叶子摆放在心仪的地方敲拓。

12

13

裁切后裱入画框中。装裱时，在布前方安装一块亚克力透明板，不仅可使框画更具质感，也能保护布面不受污染，延长框画的寿命。

14

最后，用重物将布压平。在布面喷一层定画液，能使色彩保持更久哦。

一幅天然的植物敲拓染框画就完成啦。

15

Garden of Handcraft

苏木草木染

植物染的布，

犹如大自然画的画，

在暖阳下，

温婉美好。

— Material —

橡胶手套

纯棉白胚布

橡皮筋

苏木、明矾

圆形手环

磁铁

雪糕棒

1

称取苏木约20克，清洗干净后，放入锅内，倒入约600克清水浸泡一夜。

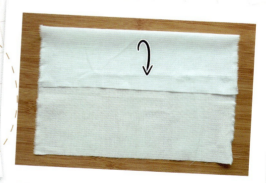

裁剪一块方形纯棉白胚布，按照步骤②—④折叠成小正方形。

2

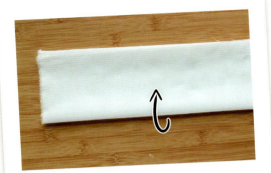

如图所示。

3

4

如图所示。

用磁铁在布中心摆放成梅花形状。

5

布的背面同样摆放好磁铁，位置要与正面的磁铁一致，让正面和背面的磁铁两两重叠相吸。

6

⑦

然后在布的正面和反面都放上圆形手环，把磁铁框在中心，两个手环的位置要重叠哦。

如图所示，用雪糕棒和橡皮筋把手镯牢牢箍住。

⑧

舀一小勺明矾，在约1000毫升的60℃温水中溶解，制成媒染液。

⑨

将箍好的布整体放入明矾水中浸泡约1个小时，然后捞出备用。

⑩

11

把锅里浸泡好的苏木连同水一起煮30分钟。先用大火煮沸，再改中小火加热，注意观察，不要把水煮得太少或煮干哦。

把染液过滤倒入空容器内。

12

把箍好的布整体浸入染液中，等候1~2个小时。时间越长，染出来的布颜色越深哦。

13

染好布后，把布捞出来，拆卸所有覆盖物，能看到被覆盖的地方几乎无上色，未被覆盖的地方上色较深。

14

如图所示。 **15**

如图所示。 **16**

17

用自来水冲洗布块，洗去浮色，直到不再掉色即可，然后挂在通风处阴干。

这样，一块天然苏木染梅花纹棉布就做好啦！

浸染一片深海

Garden of Handcraft

靛蓝染

蓝草的颜色，

是大海的颜色，

它不忧郁，

也不深沉，

只有

欢悦与明朗。

— Material —

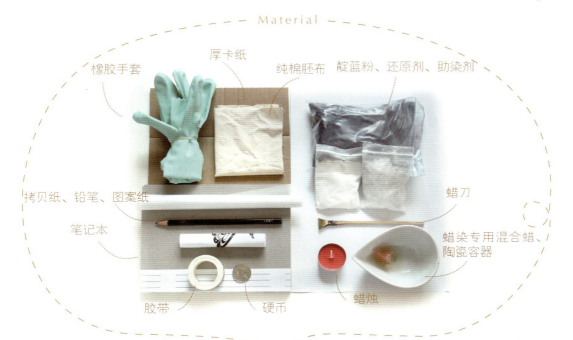

橡胶手套　厚卡纸　纯棉胚布　靛蓝粉、还原剂、助染剂

拷贝纸、铅笔、图案纸

笔记本

胶带　硬币　蜡烛

蜡刀

蜡染专用混合蜡、陶瓷容器

把蝴蝶图案打印出来。

①

②

将拷贝纸覆盖在图案上，用铅笔将图案的轮廓线描画出来。

图案画好了。

③

④

将拷贝纸图案朝下覆盖在棉布上，用胶带固定避免移位，然后用硬币刮，将铅笔痕迹转印到棉布上。刮的时候要掀开拷贝纸检查转印效果，如果不清晰则加重力度补刮。

转印完成。

⑤

点燃小蜡烛，准备陶瓷容器和蜡染专用混合蜡，也可以用普通蜡，但是效果会差一些哦。

⑥

将蜡熔化。

描画图案。用蜡刀蘸取蜡液，蜡刀头是铜质的，有利于保温，使蜡液不那么快凝结，同时三角刀头有更大的空间储存蜡液。画的时候要注意观察蜡液的渗透性，如果流出来的蜡液难以渗透到布里，只凝固在布的表面，这说明蜡液的温度不够，需要继续加热；如果蜡液太稀容易晕染，则说明温度太高，要稍微冷却一下再使用。只要控制好温度，画蜡就变得非常简单。画蜡的时候可以准备一小块边角布，在每一次下笔前进行温度试验。

8

画蜡完成。

9

将画好蜡的布泡在清水中完全浸湿，捞起待用（无须晾干）。

10

准备一个塑料容器，倒入约1800毫升清水。

11

称取靛蓝粉10克，还原剂30克，助染剂30克。

12

将染料倒入清水中，搅拌均匀。

13

14

搅拌时染料会在还原剂的作用下进行还原，所以当看到染液表面出现一层蓝紫色的泡沫膜，而膜下的染液呈现碧绿色时，说明染料还原成功，可以停止搅拌，开始染布了。如果染液未呈现理想色泽，则可以缓慢加入少量还原剂并继续搅拌。

15

开始染布。将布完全没入染液中浸泡约20分钟。

戴上橡胶手套将布捞起，捞起的瞬间布上的染液是绿色的，一旦接触空气随即被氧化，变成蓝紫色。

16

17

将布晾在空气中约10分钟，待其完全氧化，就可以进行下一步了。如果希望颜色更深一些，可以重复步骤 ⑮ － ⑰，重复次数越多，则染出来的布颜色越深。

把染好的布用流动的自来水冲洗，洗去浮色。然后浸入开水中，使布上的蜡熔化脱落，可以看到画上蜡的地方呈现出白色。

18

清洗完毕，把布挂在通风处阴干。

19

用熨斗把布熨烫平整。这样，靛蓝染就完成了。

20

接着开始用这块布来制作笔记本封面。先裁切两块长方形厚卡纸，卡纸的尺寸与笔记本原封面的尺寸相等。再裁切一根长条状的厚卡纸作为笔记本封面的背脊，这根卡纸的长等于笔记本长边，宽则要比笔记本厚度宽5毫米。然后将三片卡纸按图示位置摆放在棉布的背面上，每一片卡纸之间要间隔约8毫米。

如图所示，将左右两边的布朝中间折，用白乳胶粘牢。

将四个角朝内折，用白乳胶粘牢。

将上下的布朝中间折，用白乳胶粘牢。

在卡纸上均匀涂上白乳胶，卡纸之间的缝隙也要涂。

25

然后将笔记本的封面和封底分别对齐并粘好。

26

用指甲把背脊与封面之间的缝隙压出一道沟。

27

这样，笔记本封面就做好啦！

28

圣诞灵鹿

Garden of Handcraft

鹿角发箍

圣诞铃声

响起，

驯鹿的脚步

轻快，

拉着雪橇驮着礼物

向前奔跑。

Material

摇粒绒布

发箍

彩虹毛线

尖嘴钳

热熔胶

剪刀　手捻钻　铜丝（直径1毫米）

缎带、双面胶

① 用直径1毫米的铜丝做成图中的鹿角形状。

②

用尖嘴钳将每个角夹尖。

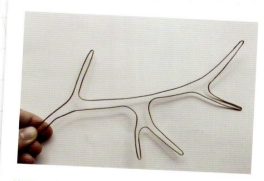

将每一个尖角处理成图中的样子。

③

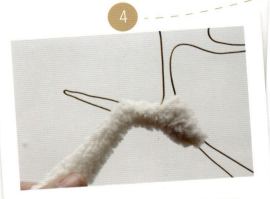

缠绕至鹿角末端时，用热熔胶固定收尾。

将一块摇粒绒布裁剪成条状，先用热熔胶将绒布条一端固定在鹿角根部，然后缠绕鹿角，使鹿角更饱满。鹿角根部要留出5～10厘米长的铜丝。

用同样的方法完成余下的缠绕。

剪断布条。

取彩虹毛线，将毛线一端打结固定在鹿角根部，然后紧密地缠绕鹿角，避免露出底下的白色绒布。

缠绕至鹿角末端时，用热熔胶固定收尾。

9

剪断毛线。

10

如图所示。

12

用同样的方法完成余下的缠绕。缠绕时
要留心颜色的渐变效果哦。

11

13　完成另一只鹿角。

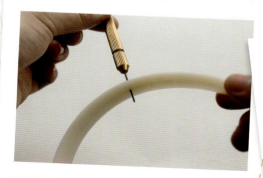

用手捻钻在塑料发箍上钻两个小孔。

14

15

将鹿角根部的铜丝穿过小孔。

将铜丝缠绕在发箍上，以固定鹿角。用同样的方法固定另一只鹿角。

16

剪两段深棕色缎带，贴上双面胶，对折后粘在发箍两个末端。

17

18 在缎带的一端贴上双面胶。

将缎带贴有双面胶的一端斜着粘在发箍末端的背面，并开始缠绕发箍。**19**

20

缠绕至铜丝处时，要多缠绕几遍把铜丝和鹿角根部遮盖住。

剪两段较宽的缎带，涂上热熔胶，将发箍两个末端包住。**21**

22 整理一下鹿角的形状，一个萌萌的鹿角发箍就做好啦！

雪白的小猫

在屋檐游戏，

蝴蝶扇动翅膀，

停在猫咪的鼻尖。

屋檐的雪花

Garden of Handcraft

猫耳发箍

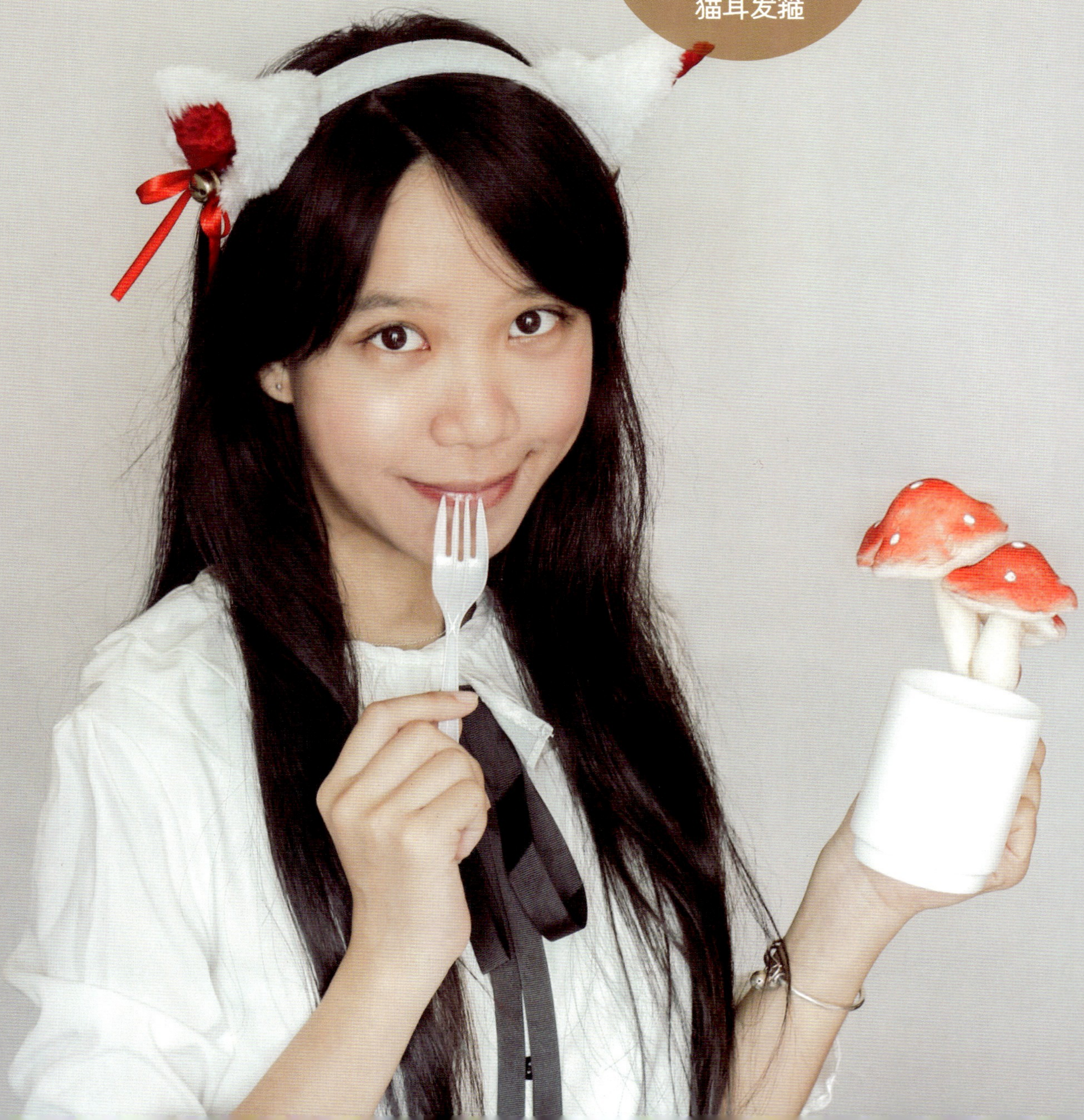

— Material —

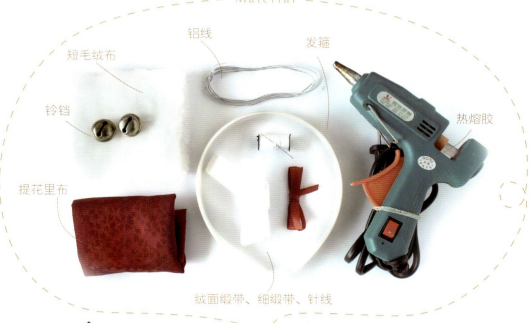

短毛绒布

铝线

发箍

铃铛

热熔胶

提花里布

绒面缎带、细缎带、针线

13cm   14.5cm

右耳

18cm

14.5cm   13cm

左耳

18cm

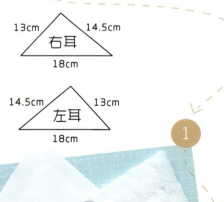

① 依照纸样在A4纸上画出两个三角形并剪下来，然后依照两个三角形纸片裁剪出两片绒布和两片里布。

③ 将图示两条边的绒布和里布锁边缝合。

② 将绒布和里布背面朝外、正面相对叠放在一起。

④

把三角形由里朝外翻过来。

⑤

剪一段铝线，折成锐角放入三角形内部。

⑥

把三角形底边锁边缝合。

⑦

再把三角形左右对折，缝合底边。

⑧

用同样的方法缝好另一只耳朵。

⑨

将红色缎带扎成两个蝴蝶结备用。

剪两截绒面缎带，涂上热熔胶，分别包住塑料发箍两个末端。

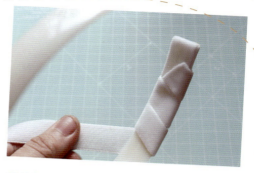

将绒面缎带的一端用热熔胶斜着固定在发箍末端，然后开始缠绕发箍，并用热熔胶收尾，剪去多余缎带。

发箍装饰完成。

在猫耳朵底部涂上热熔胶，粘贴在发箍上。

最后用热熔胶把蝴蝶结和金色铃铛粘在耳朵下方作为装饰。萌萌的猫耳朵发箍就完成啦！

暗夜精灵

Garden of Hand

兔耳发箍

敏捷的跳跃，

寻找

黑夜的密码。

── Material ──

欧根纱

网眼纱

针线、
铜丝（直径1毫米）

热熔胶

缎带

定位珠针

发箍、水晶珠

① 为了方便演示，小浣先用缩小后的模型呈现兔耳朵的缝制过程。首先在素描纸上画出半梭形纸样。

将用来制作兔耳朵的布料对折。 ③

② 将图形剪下来。

④

将半梭形纸样的底边与布料的折边重合，用定位针将两者固定。

用剪刀沿纸样边缘裁剪布料。

⑤

⑥

剪出来的布料形状是一个完整的梭形。

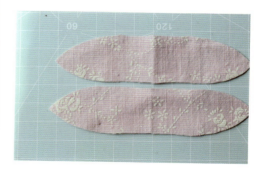

用同样的方法再剪出一块梭形布。

⑦

将两片布料背面朝外、正面相对，沿边缘缝合，记得要留出反口哦。

⑧

9

网眼纱
欧根纱
欧根纱
网眼纱

反口

正式制作的时候，为了使兔耳朵更加蓬松饱满，小浣用了双层布料，外层是较硬的圆点欧根纱，内层是较软的圆点网眼纱。将四片梭形布料重叠后锁边缝合（如图所示，缝合时两片欧根纱在内，两片网眼纱在外），在底部留出约5厘米的反口。

10

从反口将缝好的梭形由里朝外翻过来。

剪一段直径约1毫米的铜丝或铁丝，长度比梭形周长略长，然后将首尾拧合，整理成梭形，从反口处置入梭形内部。

11

12

将梭形中点的位置扭转几遍，整理出竖起来的兔耳朵的效果。

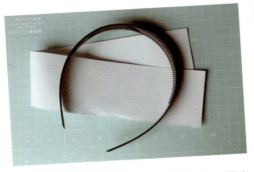

依据塑料发箍的尺寸，在素描纸上画出一个长方形并剪下来。长方形长度约等于发箍长度，其宽度则是发箍顶部最宽处宽度的两倍多点。

13

依照纸样在圆点欧根纱上剪出一个长方形，将两条长边缝合，再把它由里朝外翻过来，形成圆筒状。

14

将发箍穿过圆筒。

15

剪两截黑色缎带，涂上热熔胶，包住发箍的两个末端。

16

17

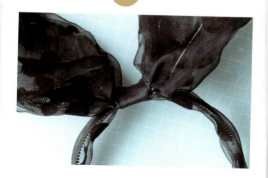

剪一截黑色缎带，涂上热熔胶，将兔耳朵和发箍连接在一起。

用针缝上水晶和玛瑙作为点缀。

18

19

如图所示。

20

一枚俏皮的兔耳朵发箍就做好啦！

编织

一个金色的

皇冠，

做一场

甜甜的公主梦！

公主梦

Garden of Handcraft

皇冠头饰

Material

黑色发箍

大水晶珠（5颗）

金葱带、铁环

热熔胶

铜丝（直径1毫米和0.3毫米）

小水晶珠（若干串）

将小铁环平均分成5段，
并标记出5个点。

①

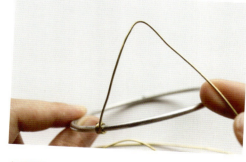

如图所示，将铜丝做成一个锐角。

③

②

借助尖嘴钳将直径1毫米的铜丝一端缠
绕固定在铁环的一个点上。

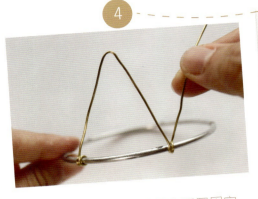

然后在铁环第二个点上缠绕两圈固定，做成第一个三角形。接着继续制作第二个三角形。

直至做完第五个三角形，把多余的铜丝剪掉。

在铁环上缠绕金葱带。先用热熔胶把金葱带的一端固定在铁环的某个节点处，然后开始缠绕。

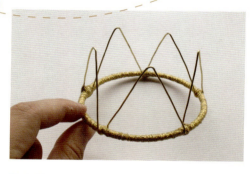

绕完整个铁环，用热熔胶收尾并剪去多余的金葱带。

将直径0.3毫米的铜丝的一端缠绕固定在第一个三角形的斜边底部。

9

在铜丝上穿水晶珠子，数量要根据三角形底边长度来定。

然后将铜丝缠绕固定在三角形另一条斜边上。

10

继续给铜丝穿上珠子，珠子的数量要比上一次少一颗。

11

同样将铜丝缠绕固定在另一条斜边上。

12

13

直至把三角形填满。

14

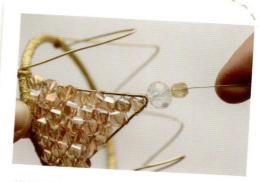

将铜丝在三角形斜边上多绕几圈到达三角形顶点，依次穿上一大一小两颗水晶珠子。

15

再把铜丝返回穿过大珠子。

16

拉紧。

将剩余的铜丝在三角形顶端缠绕几圈，将末端藏进线圈里。

17

18

按照以上步骤完成其他四个三角形的装饰，小皇冠就完成啦。

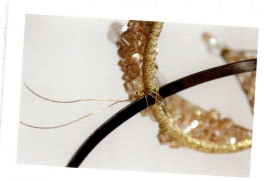

用细铜丝将皇冠和黑色发箍捆绑固定在一起，然后将多余的铜丝剪去藏进线圈里。

19

20

皇冠另一头也作以上处理。这样，皇冠头饰就完成啦。

在阳光下，小皇冠熠熠闪光！

21

橡皮章制作

Garden of Handcraft

基础技法

PART 1　常用工具&材料

常用刀具：
从左至右分别是22.5°笔刀、笔刀、印刀曲、小角刀、丸刀、平刀、美工刀。

常用雕刻专用橡皮：
彩色夹心橡皮、纯色橡皮、可揭橡皮、透明橡皮等。

常用橡皮章底座（手柄）：
软木、实木、原木、飞机木、亚克力等。

常用印台：
国产印台（如"梵妮"）、日本印台（如"月猫"）和美国印台（如"Ranger"）等。印台有水性/油性、速干/慢干、纸用/多用等区别，要根据实际情况选择合适的印台。

PART 2 转印

— Material —

激光打印图案纸
面巾纸
透明胶带
2B铅笔
拷贝纸
小熨斗
透明塑料纸
洗甲水
可塑橡皮、一元硬币

拷贝纸转印法

1

把拷贝纸（也叫硫酸纸、描图纸、转印纸）覆盖在图案上，用2B铅笔描画。如果要刻非常细的线条，可以选用自动铅笔描图，但初学者最好从粗线条开始练习。

②

描好图后，把拷贝纸带铅笔痕迹的一面朝下覆盖在橡皮上。然后用硬币或圆形石头、吉他拨片等刮拷贝纸背面，图案的每个细节都要刮到哦。就这样把铅笔痕迹转印到橡皮上。

③

刮完之后掀开拷贝纸检查是否有未转印或转印不清晰的地方，如果有，可以把拷贝纸覆盖上去，对齐线条后补刮，也可以用铅笔在橡皮上补画。

④

橡皮章雕刻完成后，用可塑橡皮在印章表面来回滚动，擦除铅笔痕迹。

洗甲水&花露水转印法

1

把用激光打印机打印在A4纸上的图案剪下来，图案朝下覆盖在橡皮上，并用胶带固定，避免移位。

然后覆盖上一层面巾纸。

2

均匀地喷上洗甲水。

3

趁洗甲水尚未挥发，迅速覆盖一层透明塑料纸，也可用自粘袋代替。

4

5

接着用剪刀底部（也可以用硬币或圆形石头、吉他拨片等代替）迅速地刮一遍，要刮到图案的每个细节哦。就这样把图案转印到橡皮上。

6

刮好之后，掀开三层纸，检查是否有未转印好的地方，如果有，就在那个地方喷一点洗甲水继续刮。如果图案尺寸较大，可以分成若干区域一步步转印。

7

转印完成。如果转印后发现有纸粘在橡皮上，则一边用清水冲一边用手指轻搓即可去除。

橡皮章雕刻完成后，可以用透明胶带粘除橡皮表面的转印痕迹。

8

小熨斗转印法

1

小熨斗转印法一般适用于"果冻""豆腐""凉粉"等日本橡皮。首先把用激光打印机打印在A4纸上的图案剪下来，图案朝下覆盖在橡皮上。

在图案纸上再覆盖一张拷贝纸。

2

3

将橡皮章转印专用小熨斗预热后压在拷贝纸上，等待约15秒。如果图案尺寸较大，可以分成若干区域一步步转印。

移开小熨斗，慢慢掀开图案纸检查是否有未转印成功的地方，如果有，则重复转印步骤。

4

PART 3   雕刻

Tips：

橡皮章雕刻过程中刀刃应始终与橡皮约呈45°的倾斜角，朝向需刻除的部分的方向。雕刻直线时，一根线条最好一刀刻完，这样能使刀深保持一致，使刻出来的线条更流畅。雕刻曲线时，刀应保持不动，用手转动橡皮来调整方向，这样刻出来的曲线才流畅，且刀深一致。

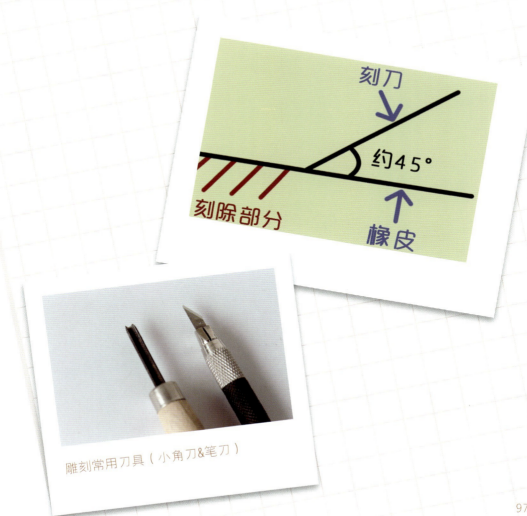

雕刻常用刀具（小角刀&笔刀）

多边形的阳刻法

Tips：

使用切边笔刀或美工刀沿图形线条切割。刀刃可以与橡皮垂直，也可以朝外倾斜。

多边形的阴刻法

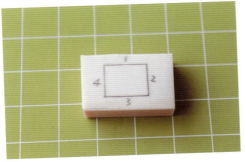

把图中的多边形刻除。

先沿线条1刻一刀。

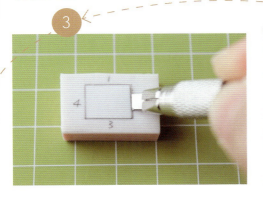

旋转橡皮，依次雕刻线条2、3、4。

如图所示。

如图所示。

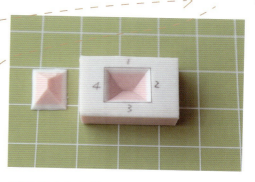

最后把中心的橡皮块剔除即可。

圆的刻法（阴刻）

Tips：

大圆形刻法：先用小角刀沿圆形内轮廓线刻一圈V形沟槽（具体方法参见P113），再用任意一种内留白法刻除圆形中心部分。

Tips：

小圆形刻法：将笔刀刀尖从圆心插入，保持刀不动，用手转动橡皮，使刀刃沿着圆的内轮廓线走，最后把倒圆锥体剔除即可。

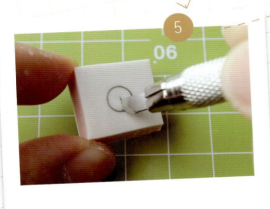

Tips：

小圆点刻法：将圆珠笔的笔尖从圆点中心插入，然后慢慢转动圆珠笔，直至整个笔尖完全插入圆点中即可。

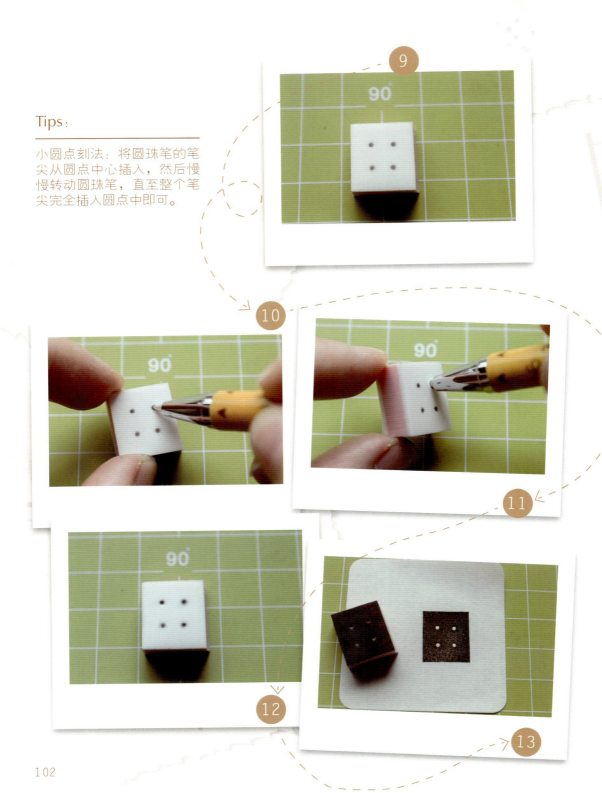

轮廓线的刻法

1

雕刻印章时，常常需要先沿着图案外轮廓线挖一圈V形沟槽，方便后面的留白处理，除了小角刀外（具体方法参见P113），我们也可用笔刀来完成。

首先，用笔刀沿着图案的外轮廓线刻一圈。刀刃要始终朝外侧倾斜，要紧贴着线条刻，不能刻到线条本身哦。刻弧线的时候，要转动橡皮调整方向和角度，尽量不动刀。

2

如图所示。

3

如图所示。

4

5

然后，与轮廓线隔开3～5毫米的距离，平行于轮廓线再刻一圈。这时刀刃要始终朝内侧倾斜。

6

如图所示。

7

如图所示。

8

如图所示。

PART 4 留白

搓衣板留白

1

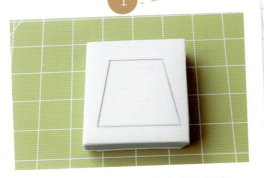

把梯形区域刻除，呈现搓衣板状留白。

2

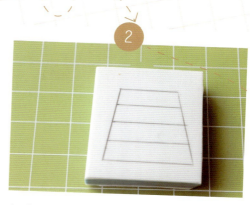

初学者可以先在图形内画平行线，熟练后可以不画。

3

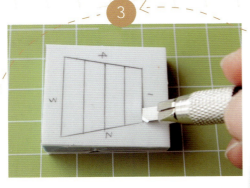

刀刃朝橡皮章中心倾斜，沿图形内轮廓线刻一刀。依次刻线条1—4。

如图所示。

4

5

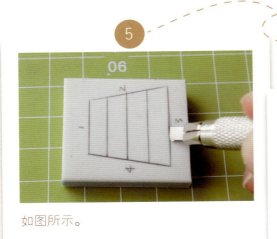

如图所示。

6

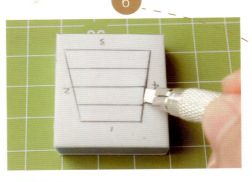

如图所示。

7

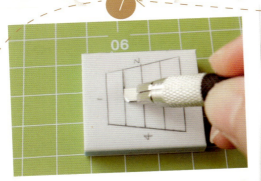

然后刻内部平行线。刀刃向左倾斜，沿铅笔线条刻第一条平行线。

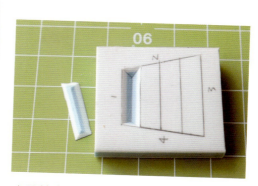

由于轮廓线1已经刻过，所以刻完第一条平行线后，可以轻松剔除橡皮块，形成一个V形凹槽。

8

9

刀刃向左倾斜，刻第二条平行线。

10

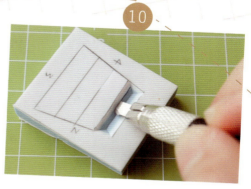

把橡皮调转方向放置，如图所示在第一条平行线截面的1/2处平行地刻一刀。

11

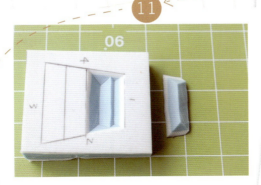

把V形橡皮剔除，呈现V形凹槽。

重复⑨—⑪步，刻出余下的V形凹槽，搓衣板留白就完成了。

12

内平留白

①

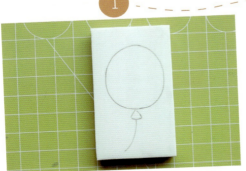

在气球内部刻出光滑平面。

②

先用小角刀沿气球内轮廓线刻一圈V形沟槽。

用丸刀削去第一层。 ③

如图所示。 ④

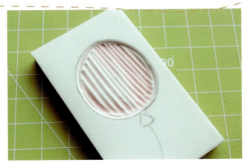

用印刀曲或者平刀削第二层。 ⑤

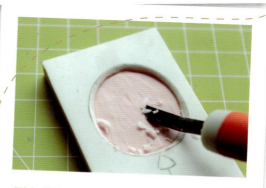

耐心地用印刀曲把细小的凸起部分削平。
注意控制下刀角度，避免越削越深。 ⑥

7

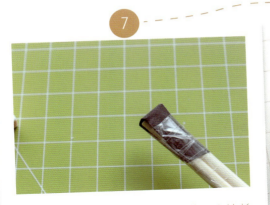

如果希望更加光滑平整，可以剪一小块长方形砂纸，用透明胶带固定在一次性筷子顶端，然后在留白平面上来回打磨。

8

如图所示。

9

可以继续使用电动打磨笔来打磨留白平面。

如图所示。

10

用小毛刷把橡皮屑清扫干净。

11

这样，内平留白就完成了。

12

1

刻出图案外部的平留白。

2

先用笔刀沿着图形的外轮廓线刻一遍。雕刻时刀刃需朝外倾斜。

3

刻完后，在橡皮四个侧面的2/3处各画一条直线。

4

把橡皮放置在平台上，然后一手捏住橡皮，一手拿美工刀，并用手指垫在刀下，调整刀的高度，使之与所画的直线等高。接着，从橡皮的一角入刀，沿着所画直线切割。

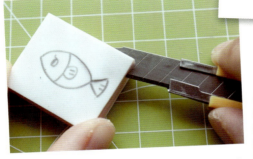

刀应保持不动，依靠移动和转动平台上的橡皮来切割。切割时应依据图案与橡皮边缘的距离随时调整入刀的深度。切割完成之前，刀不要离开橡皮哦。

5

切割时，应时刻观察刀是否走在直线上，避免偏离。最后修整一下未切割到的地方，外平留白就完成了。

6

切边留白

Tips：

先用小角刀沿图形的外轮廓线刻一圈V形沟槽，然后用切边笔刀或美工刀沿着沟槽底部切割。切割过程中刀应保持不动，用手转动橡皮来调整刀的走向。刀刃可与橡皮垂直，也可朝外倾斜。

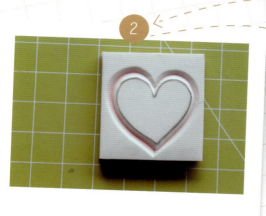

Garden of Handcraft

PART 5　小角刀的应用

雕刻雨点和动物毛发

小角刀

Tips：

小角刀刀尖约呈15°插入橡皮。入刀越深，刻出来的线条越粗；入刀越浅，则刻出来的线条越细。所以像一头粗一头细的雨滴状图形，应该由深至浅地往前推刀，直至推出水滴状凹坑即可。

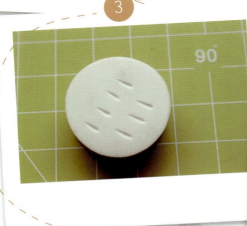

雕刻轮廓

1

雕刻印章时常常需要先沿着图案外轮廓线挖一圈V形沟槽，方便后面的留白处理，这时候小角刀就是一个好工具。

2

观察小角刀刀刃与线条的距离关系，选好入刀处。

3

小角刀呈约15°倾斜，将刀尖插入橡皮，轻轻往前推，刀刃要紧贴线条。

4

推刀时刀深要保持不变，使沟槽深度均匀美观。小角刀尽量保持不动，用手转动橡皮来控制走向。

5

刻完一根线条，调整橡皮方向，再刻下一根线条。

6

刻至沟槽首尾相接，轮廓线沟槽就完成了。

雕刻内部留白

先用小角刀沿着图形的内轮廓线挖一圈V形沟槽。

然后用小角刀从左至右推出若干平行线条。

每根线条的深度越统一，整体效果越美观哦。

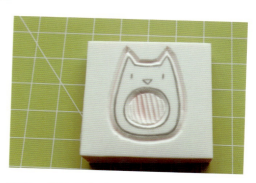

这样，留白就刻好啦。

雕刻圆环

① 雕刻小动物眼睛的时候常常需要雕刻小圆环。

② 把小角刀刀尖从圆环某处插入。

③ 用手慢慢转动橡皮。

④ 刀保持不动，转动橡皮，使刀往前推。

⑤ 直至刻出整个圆环。

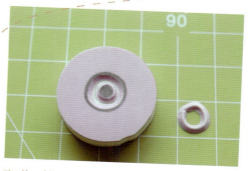

⑥ 完成！注意刀的深度要依据圆环的宽度而定，刀刃要紧贴圆环两条内轮廓线走。

雕刻阅读时光

Garden of Handcraft

橡皮章之藏书章

雕刻一枚藏书章，

沏一杯花茶，

在落地窗前，

静享阅读时光。

— Material —

松木底座

刻刀（笔刀、小角刀、美工刀）

可塑橡皮

印台

雕刻专用橡皮

白乳胶

① 用拷贝纸转印法将设计好的图案转印到橡皮上。

③ 需要刻掉的细线条同样可以使用小角刀雕刻。

② 用小角刀沿图形外轮廓线刻出一圈V形沟槽。一定要沿着铅笔线条的外边缘雕刻，不可以刻到线条本身哦！初学者可以选择线条较粗的图案练习雕刻。

117

④

用笔刀刻除不规则形状的留白。如图示刻第一刀。雕刻时刀刃一定要朝需刻除部分的方向倾斜约45°，这样刻出来才能形成V形槽和倒锥形槽，章子根基才能稳固哦。

如图示刻第二刀。下刀切忌太深或太浅，如果太深，容易把章的根基刻断；如果太浅，则无法把V形和倒锥形完整剔除。

⑤

⑥

如图示刻第三刀。雕刻的时候灵活转动橡皮，调整方向。

将这一小块橡皮剔除，凹陷部分呈倒锥形，这部分就刻好了。

⑦

用同样的刻法刻除右下角的留白。刻弧线的时候，刻刀应保持不动，依据弧度转动橡皮，这样刻出来的弧线才流畅，且深度一致。

⑧

刻除小熊帽子两侧的留白。

10

刻除左下角的留白。

11

雕刻横幅里的字母细节。可以先沿横幅内上端的线条浅划一刀（刀刃向内倾斜），再慢慢刻出小细节。

12

如图所示，刻出字母"K"与横幅之间的三个小三角形。雕刻小细节的时候，下刀需浅一些，小心、耐心地雕刻。

雕刻字母"O"，笔刀保持不动，转动橡皮来雕刻小圆圈。

13

14

雕刻这部分细节的时候，可以把连接在一起的留白分割成各种基本形状来雕刻，一点一点慢慢刻，同时要注意刀刃的倾斜度，保证细节根基的稳固。

接下来雕刻小熊的头部。

15

16

再雕刻小熊的身体。

17

雕刻完内部图案，就要处理外留白了。可以选择切边留白，如图示先切除一个角，方便第二步的下刀。

18

用美工刀沿着沟槽底部切除留白。切边的时候，美工刀应保持不动，用手转动橡皮。美工刀很锋利，要注意手指安全哦！

切除所有留白后，如发现不平整的地方，可适当补刀。

19

用可塑橡皮在印章上来回滚动，擦除铅笔痕迹。滚动前先检查是否有容易脱落的小细节，滚动时注意力度，千万别把小细节粘下来哦。

20

擦除铅笔痕迹后，就可以准备盖印了。为了方便印章的清洗，在拍印油之前，可以先在印章表面喷一层水性定画液。也可以在盖印完成后使用湿纸巾、印章清洗剂等来清除印油。

21

22

手持印台，正面朝下轻轻拍在印章上，让印章均匀着色。着色要适量，印油拍得太多容易模糊细节，拍得太少图案会不清晰。

23

将印章正面朝下，把图案印在纸上。盖印时用手指稍微施力按压印章每一个地方。盖印后检查图案，如发现漏刻的地方则补刻。

24

再次给印章拍上印油，为松木底座盖印图案。

用白乳胶把印章和松木底座粘合起来。

25

26

一枚独一无二的藏书章就完成了！

齐步走，去郊游！

Garden of Handcraft

橡皮章之滚印

风和日丽的假期，

让我们

踏着春风，

一起去郊游！

— Material —

贝壳
滚筒
印台
圆柱体雕刻专用橡皮
2B铅笔
螺丝钉
拷贝纸
小角刀
可塑橡皮
透明胶带

① 测量计算圆柱体橡皮的侧面积，在白纸上画出等高同面积的长方形区域。

用拷贝纸描图。

③

② 在长方形区域里设计并绘制图案。

将拷贝纸带图案的一面朝向橡皮，围绕紧贴橡皮，并用透明胶带固定。

用贝壳（也可以用硬币、圆形石头、吉他拨片等）在拷贝纸上来回刮，将图案转印到橡皮上。

转印完成。如果发现转印不清晰的线条，可以用铅笔补画上去哦。

用小角刀刻去铅笔线条。

刻的时候要小心、耐心，推刀的时候力度要均匀，线条才能均匀流畅哦。

小熊雕刻完成。

9

雕刻小女孩。

10

雕刻小象。

11

雕刻小鹿。眼睛等小圆点可以用圆珠笔来戳哦。

12

滚动可塑橡皮擦除铅笔痕迹。

 13

14

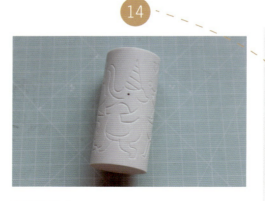

白白净净！

在圆柱体橡皮两个圆面上画出圆心。

15

准备两颗螺丝钉，拆出滚筒的金属柄。

16

如图所示，对准圆心，用螺丝刀将螺丝
钉和金属柄安装到橡皮上。

17

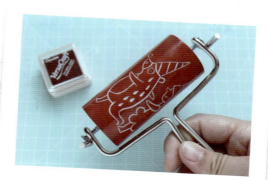

给橡皮章均匀拍上印油。 18

在白纸上滚动，印出图案。 19

也可以不安装金属柄，只安装螺丝钉，然后用双手捏住螺丝钉来滚动印出图案，这样施力更大，图案更清晰哦。 20

如图所示。 21

光谱幻想曲

Garden of Handcraft

橡皮章之凸粉

Material

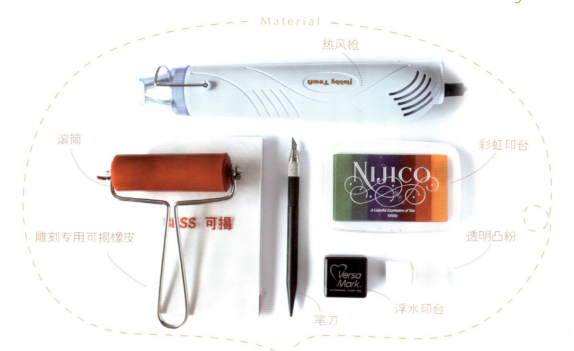

热风枪

滚筒

彩虹印台

雕刻专用可揭橡皮

透明凸粉

浮水印台

笔刀

1

用洗甲水转印法把图案转印到橡皮上。

雕刻之前，观察橡皮可揭层的厚度，确定下刀深度。如果刻得太深，揭开橡皮的时候会把中层的橡皮带起来，影响美观；如果刻得太浅，则橡皮揭不开。

2

3

可以把图案分成几个区域来刻，小区域的橡皮比较容易揭开。

4

开始雕刻。先用笔刀沿着图案的轮廓刻，只划一刀，不需要刻凹槽，划的时候刀刃要朝外倾斜约45°。如图所示，刻这片叶子的外轮廓，先刻左边的线条。

5

再把橡皮调转过来，刻叶子右边的线条。雕刻时应随时变换橡皮的方向和角度，但刻刀的角度尽量保持不变。

遇到小细节时，可直接刻除倒锥形。

6

7

刻完一个小区域的轮廓，就可以把留白揭掉了。先用刻刀轻轻揭起一个角。

8

然后用手指捏住角，把首层橡皮轻轻撕开。

揭掉留白后，检查图案边缘是否有不规整的残留橡皮，可以用笔刀修整。

9

继续雕刻和揭掉留白。

10

11 完成第二个小区域。

12 完成第三个小区域。

13 完成中部细节。

14 雕刻完成后，用透明胶带粘除橡皮上的图案痕迹。

15 把图案清理干净，就可以准备盖印了。

为了使印出来的图案黏性更强，能更好地附着凸粉，在拍上印油之前，先在印章表面均匀地拍一层浮水印油。 **16**

将滚筒在彩虹印台上来回滚动着色。滚动时，滚筒只能上下移动，不可左右移动，避免彩虹印台产生混色。 **17**

然后把滚筒放在印章表面上下滚动，给印章上色。 **18**

把白卡纸覆盖在印章上，按压每一个地方。 **19**

揭开卡纸，盖印完成。 **20**

21

在卡纸下垫一张干净的A4纸。趁卡纸上印油未干，迅速倒上透明凸粉。

手拿卡纸轻轻晃动，使凸粉覆盖到图案的每一处。

22

将卡纸立起来，在A4纸上轻敲，把多余的凸粉震落在A4纸上，并把它们收集起来倒回瓶内。

23

这样图案上就均匀地黏附着一层凸粉。

24

25

手持热风枪，置于卡纸上方约15厘米处呈45°角对着图案吹，使凸粉融化。吹的时候要经常移动热风枪，使卡纸受热均匀。

凸粉慢慢融化，图案颜色变得更鲜艳。

26

27

当所有凸粉都已融化变透明，就可以关掉热风枪了。

麋鹿印章卡片完成了，在阳光下，透明的凸起非常漂亮！

28

随着
音乐起伏，
畅享
旋转木马上的
童年时光。

童年的游乐场

Garden of Handcraft

橡皮章之套色

Material

雕刻专用橡皮

刻刀（22.5° 笔刀、笔刀）

印台

白乳胶

L形亚克力直角
辅助工具

软木

方形全透明塑料片

透明胶带

①

设计好整体图案后，按照颜色分布把整体拆分成若干零件。运用洗甲水转印法把零件图案分别转印到橡皮上，要注意它们之间的间距哦。

把每一个零件图案裁切开。

②

雕刻每一个零件印章，依据图案实际情况决定留白方法。

③

④

用透明胶带把转印痕迹粘除。如果有些零件印章较薄，可加上软木底座，使盖印的时候更加稳固。

先盖印旋转木马的屋顶，确定整体图案的位置。用红色印台为印章着色。

⑤

印章正面朝下，用手指轻压，在卡纸上进行盖印。

⑥

红白相间的屋顶盖印完成。

8

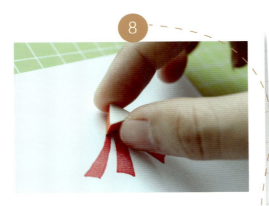

接着盖印屋顶顶端的小三角形，对于这种印章形状即图案形状的小印章，可以用手捏住，着色后对准位置直接盖印。

屋顶小三角形盖印完成。

9

用蓝色印台盖印旗杆，方法同上。

10

用红色印台盖印小红旗，方法同上。

11

用深红色印台盖印小红旗的阴影，方法同上。

12

13

接着裁切出一个软木L形直角，用白乳胶粘在L形亚克力直角辅助工具上，注意内边缘要对齐。这是为了增加直角的高度，方便带底座的印章使用。

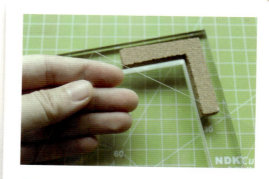

裁切一块正方形全透明塑料片。也可以使用热缩片。

14

15

塑料片 →

把直角工具放在平台上，然后把正方形塑料片的两条直角边贴合直角工具放置备用。

取"屋顶的阴影"印章，拍上印油，着色不需要很浓。

16

把印章底座的直角紧贴直角工具的直角，正面朝下按压盖印在塑料片上。这个过程中，塑料片始终紧贴直角工具，不可分离。

17

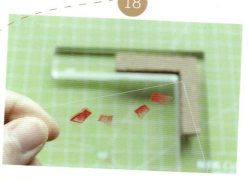

盖印完成后，移开印章和直角工具，取印有图案的塑料片备用。

将塑料片覆盖在卡纸准确的位置，使塑料片上的图案位置与卡纸上的图案位置相吻合，并保持塑料片和卡纸不动。

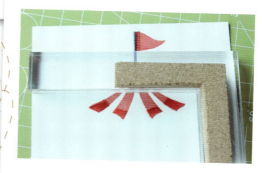

把直角工具移过来紧贴塑料片的直角。

移开塑料片，保持直角工具和卡纸不动。这是为直角工具定位。

重新为"屋顶的阴影"印章均匀着色。

将印章正面朝下，底座直角紧贴直角工具，盖印到卡纸上。 **23**

把印章和直角工具移开，"屋顶的阴影"盖印完成。 **24**

对无底座的印章，也是用相同的方法定位盖印。先把塑料片用湿纸巾擦拭干净，直角贴合直角工具放置在平台上。然后取"屋檐"印章，拍上黄色印油。 **25**

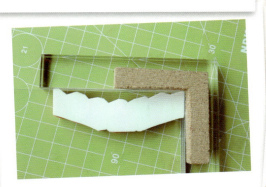

将印章正面朝下，上边缘和右边缘紧贴直角工具，在塑料片上盖印。 **26**

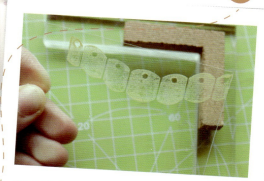

盖印完成后，移开印章和直角工具，取印有图案的塑料片备用。 **27**

将塑料片覆盖在卡纸准确的位置，使塑料片上的图案位置与卡纸上的图案位置相吻合，并保持塑料片和卡纸不动。

把直角工具移过来紧贴塑料片的直角。

移开塑料片，保持直角工具和卡纸不动。这是为直角工具定位。

重新为"屋檐"印章均匀着色。

将印章正面朝下，上边缘和右边缘再次紧贴直角工具，盖印到卡纸上。

把印章和直角工具移开，"屋檐"盖印完成。

用橘色印油盖印屋檐的第一层阴影。

用褐色印油盖印屋檐的第二层阴影。

用黄色印油盖印木马杆。

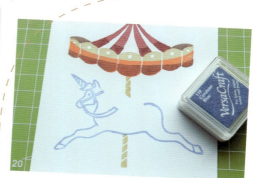

用天蓝色印油盖印木马轮廓。

用天蓝色和冰蓝色印油盖印木马的鬃
毛、尾巴和身体阴影。

38

用红色和黄色印油盖印马鞍。

39

用天蓝色、灰色、红色、黄色印油完成
旋转木马底座的盖印。

40

用手捏住小圆点印章,盖印旋转木马的
小灯。

41

漂亮的旋转木马套色印章卡片就完成啦!

42

把生活的甜蜜

储存在袋子里，

永不过期。

储存甜蜜的束口袋

Garden of Handcraft

橡皮章之组合章

— Material —

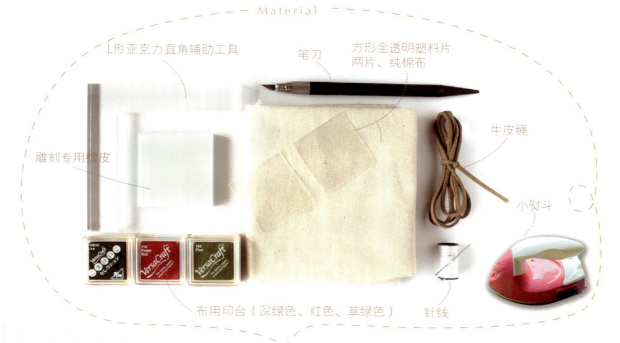

L形亚克力直角辅助工具

笔刀

方形全透明塑料片
两片、纯棉布

牛皮绳

雕刻专用橡皮

小熨斗

布用印台（深绿色、红色、草绿色）

针线

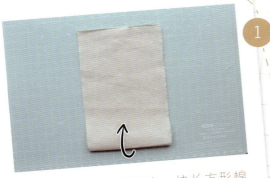

① 制作束口袋。先裁剪出一块长方形棉
布，对折。

③ 如图所示，将两条长边的1/2朝内翻折。

② 如图所示，把对折后的长方形两条长边
各自缝合约3/4长度。

用胶水固定。

同样对背面进行步骤③—④的处理。

将顶部翻折下来，用胶水固定图示区域。

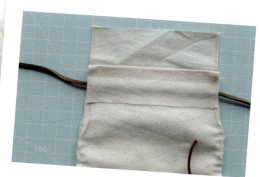

剪一段牛皮绳，横穿过步骤⑥留出来的空隙。

同样对背面进行步骤⑥—⑦的处理。

如图，将绳子1的右端穿过袋子背面在步骤⑧留出的空隙，将绳子2的左端穿过袋子正面在步骤⑥留出的空隙。

拉紧绳子，就成了图中的样子。

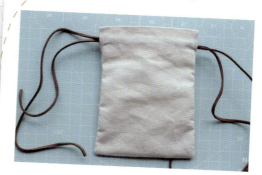

把袋子从里朝外翻。

给绳子打结，剪去多余部分。

12

13

这样，简易版的抽绳束口收纳袋就做好了，同时拉两端的绳子就能收紧袋口哦。

印制图案。首先要在袋子里垫一张白纸，避免印油渗透晕染。

14

描画纸样雕刻三枚橡皮章：叶脉、叶肉、浆果。

15

16

将方形塑料片的一个直角紧贴亚克力直角辅助工具的直角，保持不动。给"叶肉"印章拍上印油，正面朝下，右上方直角紧贴直角工具，在塑料片上盖印。一枚定位好的叶肉图样就准备好了。

拿出另一块透明塑料片，依据同样的方法印制叶脉图样。

17

18

为了使叶脉看起来更清晰，我们先印叶肉，再印叶脉。先印第一片叶子，找好位置后，把叶肉图样的塑料片正面朝上放在袋子上，并用直角工具定位。

直角工具保持不动，移开塑料片，为叶肉印章拍上草绿色印油，直角边紧贴直角工具，在袋子上按压盖印。

19

叶肉盖印完成。

20

21

移开直角工具，拿出叶脉图样的塑料片，依据袋子上的叶肉图案找好对应位置，然后用直角工具贴紧定位。

22

保持直角工具不动，移开塑料片，为叶脉印章拍上深绿色印油，直角边紧贴直角工具，在袋子上按压盖印。

这样第一片叶子就完成了。

23

24

用同样的方法印制其他三片叶子。

25

为浆果印章拍上红色印油，依次在袋子上印出8颗浆果图案。

26

用布用印台在布料上印制图案后，需用小熨斗稍加熨烫，图案才能牢固，水洗也不会掉色。

27

这样，一个可爱的小束口袋就完成了。

小浣拥有神奇的手作花园，
优良的材料功不可没哦！

Tips：

【澜冰手工橡皮印章材料行】
https://diyrubberstamp.taobao.com
十年老店，皇冠品质，网店店铺号：1514353

和小浣一起给这些材料施加魔法，
让指尖绽放出花香吧！

橡皮章雕刻刀：GLCUTTER小金刚

橡皮章雕刻刀：GLCUTTER小月光

果冻白豆腐系列雕刻橡皮

RSCLAN橡皮章上色涂抹工具

RSCLAN橡皮章专业印片卡纸

日本月猫印台

UV树脂水晶滴胶

超多款滴胶模具

多款永生花

滴胶金属框

美国Ranger印台

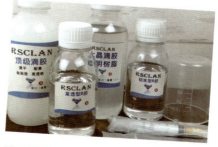

AB水晶滴胶

图书在版编目（CIP）数据

手作花园，指尖的慢时光／小浣著.－－重庆：重庆大学出版社，2016.8（2019.9重印）

ISBN 978-7-5624-9856-8

Ⅰ．①手…　Ⅱ．①小…　Ⅲ．①手工艺品—制作　Ⅳ.①TS973.5

中国版本图书馆CIP数据核字（2016）第126987号

手作花园，指尖的慢时光
SHOUZUO HUAYUAN
ZHIJIAN DE MANSHIGUANG

小 浣　著

责任编辑：汪 鑫　　　版式设计：唐 旭
责任校对：谢 芳　　　责任印制：张 策

*

重庆大学出版社出版发行
出版人：饶帮华
社址：重庆市沙坪坝区大学城西路21号
邮编：401331
电话：（023）88617190　88617185（中小学）
传真：（023）88617186　88617166
网址：http://www.cqup.com.cn
邮箱：fxk@cqup.com.cn（营销中心）
全国新华书店经销
重庆共创印务有限公司印刷

*

开本：787mm×1092mm　1/16　印张：9.75　字数：173千
2016年8月第1版　2019年9月第2次印刷
ISBN 978-7-5624-9856-8　定价：44.80元